Ahmed Wahab Raisan

Identificação, Detecção de Bactérias e Staphylococcus Aureus Gene

Ahmed Wahab Raisan

Identificação, Detecção de Bactérias e Staphylococcus Aureus Gene

ScienciaScripts

Imprint

Cover image: www.ingimage.com

This book is a translation from the original published under ISBN 978-613-9-91576-7.

Publisher:
Sciencia Scripts
is a trademark of
Dodo Books Indian Ocean Ltd. and OmniScriptum S.R.L publishing group

120 High Road, East Finchley, London, N2 9ED, United Kingdom
Str. Armeneasca 28/1, office 1, Chisinau MD-2012, Republic of Moldova, Europe
Printed at: see last page
ISBN: 978-620-5-62969-7

Tabela de Conteúdos

INTRODUÇÃO

A carne apodrece, se a carne não for tratada, numa questão de horas ou dias e resulta na carne tornar-se pouco apetitosa, venenosa ou infecciosa. A deterioração é causada pela infecção praticamente inevitável e subsequente decomposição da carne por bactérias e fungos, que são suportados pelo próprio animal ou pelas pessoas que manuseiam a carne, ou pelas suas alfaias. A carne pode ser mantida comestível por muito mais tempo - embora não indefinidamente - se for observada uma higiene adequada durante a produção e processamento, e se forem aplicados procedimentos adequados de segurança alimentar, conservação e armazenamento de alimentos (Brul, S. e Coote, P. 1999).

As carnes são os alimentos mais perecíveis devido ao seu rico conteúdo em nutrientes. Existem vários parâmetros intrínsecos e extrínsecos que afectam o crescimento de bactérias na carne e nos produtos cárneos. Devido ao seu elevado teor de água e abundância de nutrientes importantes disponíveis na superfície, a carne é reconhecida como um dos alimentos mais perecíveis.

A deterioração pode ser definida como qualquer alteração num produto alimentar que o torne inaceitável para o consumidor do ponto de vista sensorial [Gram *et al* 2002]. Além de danos físicos, oxidação e mudança de cor, os outros sintomas de deterioração devem-se ao crescimento indesejado de microrganismos a níveis inaceitáveis. No caso da carne, a deterioração microbiana leva ao desenvolvimento de fora de odores e frequentemente à formação de lodo, o que torna o produto indesejável para o consumo humano (Jackson T. C. *et al* 1997). As alterações organolépticas podem variar de acordo com a associação microbiana que contamina a carne e com as condições em que a carne é armazenada. O desenvolvimento da deterioração organoléptica está relacionado com o consumo de nutrientes da carne, tais como açúcares e aminoácidos livres pelas bactérias e a libertação de metabolitos voláteis indesejáveis. Cargas microbianas de 10^7 CFU cm^{-2} estão geralmente associadas à ocorrência de maus odores, tais como odores "queijosos" ou "amanteigados"; estes podem evoluir para odores "frutados" quando as cargas aumentam e tornam-se pútridos como resultado do consumo livre de aminoácidos em cargas tão elevadas como 10^9 CFU cm^{-2} (Dainty R. H. *et al* 1985).

De facto, uma vez utilizada a glicose presente na fase aquosa, outros substratos são consumidos sequencialmente até serem libertados compostos azotados odoríferos como o amoníaco e o dimetil-sulfito (Stanbridge L. H., e A. R. Davies. 1998). Diferentes espécies e estirpes relacionadas com a deterioração podem colonizar a superfície da carne através de diferentes fases envolvendo a adsorção à superfície da carne (Chung, K.-T., et al. 1989). O desenvolvimento destas fases depende dos factores ecológicos intrínsecos e extrínsecos de um ecossistema de carne particular, tais como pH, morfologia da superfície da carne, disponibilidade de O2, temperatura e presença e desenvolvimento de outras bactérias (Ellis, D. I., e R. Goodacre. 2001).

A deterioração dos alimentos e as intoxicações alimentares são as principais causas que levaram o homem a preservar os alimentos e a prevenir doenças devidas aos alimentos. A produção de pão, bebidas alcoólicas e uma variedade de alimentos fermentados com ácido, a conservação de produtos de carne e peixe através da secagem ou adição de sais e a produção de outros alimentos indígenas foram fundamentais para o desenvolvimento de sociedades estáveis. Estes processos microbianos tiveram a sua origem em diferentes partes do mundo em vários momentos. As pessoas começaram a compreender que os alimentos devem ser mantidos longe do contacto com o ar, luz e humidade (Ganzle, 1999). Alguns alimentos foram preservados nos primeiros tempos, revestindo-os com argila e azeite. O sal tornou-se um bem especialmente valioso porque era essencial para o ser humano e útil para a conservação dos alimentos, cuja disponibilidade influenciou o curso da história.

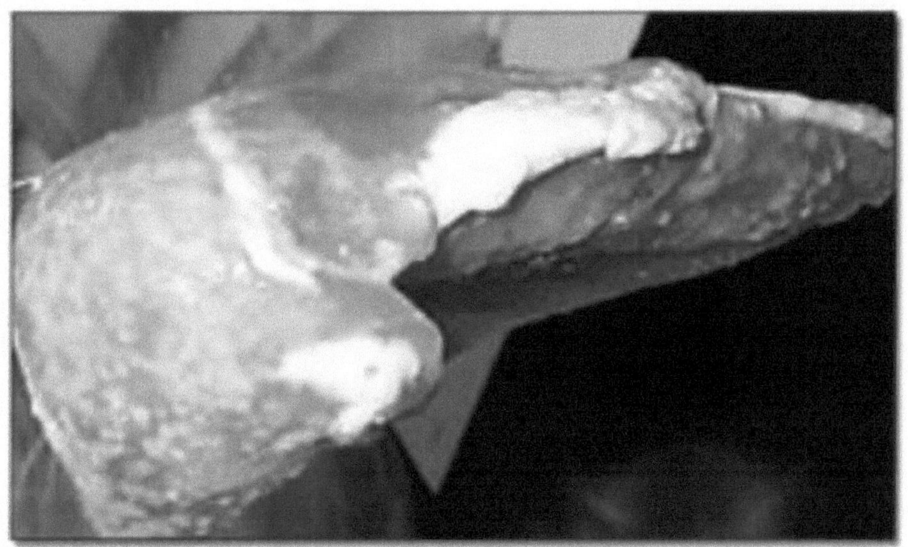

Figura 1: Filete de peito estragado mostrando colónias individuais que eventualmente se tornam uma camada de lodo

Cerca de 5 mil milhões de frangos são transformados na Índia todos os anos, dos quais 80% são comercializados como produto fresco. Estima-se que 2% a 4% desta carne é perdida como resultado da deterioração das aves de capoeira. Por conseguinte, a deterioração é uma grande preocupação para a indústria avícola (Lockhead, A. G. e G. B. Landerkin, 1935).

As principais causas da deterioração dos produtos avícolas são as seguintes:

- Tempo prolongado de distribuição ou armazenamento
- Temperatura de armazenamento inapropriada

- Alta contagem inicial de bactérias

- Elevado pH da carne pós-rígido

LIDAR COM FACTORES DE DETERIORAÇÃO

As empresas são capazes de evitar tempos de armazenamento prolongados através de uma rotação adequada do seu stock. O produto que deve ser vendido em locais distantes da fábrica de processamento deve ser transportado a temperaturas abaixo de zero (i.e. 26 F), mas a temperatura deve ser tal que o tecido muscular não deve congelar (Kraft, A. A. e J. C. Ayres, 1952). Temperaturas de armazenamento inadequadas ou flutuações na temperatura de armazenamento são as causas mais evitáveis de deterioração. Podem ocorrer flutuações de temperatura durante a distribuição, armazenamento, exposição a retalho ou manuseamento do produto pelo consumidor. Os processadores podem determinar se o produto foi abusado da temperatura através da monitorização da temperatura ou da avaliação das populações bacterianas em todo o sistema de distribuição.

Bactérias Responsáveis pela Despojamento:

A investigação demonstra que as populações de bactérias em grande número na carcaça imediatamente após o processamento não são as que crescem sob refrigeração e estragam as carcaças. Em vez disso, as bactérias encontradas após a deterioração das carcaças são muito difíceis de encontrar nas carcaças no momento do processamento. Logo após o processamento, as bactérias deterioradas estão presentes em números muito baixos, mas podem multiplicar-se rapidamente para causar odores de deterioração e lodo (Dainty, R. H., et al, 1985). Estas bactérias deterioradas são chamadas bactérias psicrotrópicas (psychro=cold; trophic=able to grow) porque são capazes de se multiplicar em condições de frio. Os produtos frescos de aves de capoeira mantidos suficientemente tempo à temperatura do frigorífico estragar-se-ão em resultado do crescimento de bactérias psicrotróficas. Em contraste, as bactérias que existem em maior número no momento do processamento na pele das galinhas e nas suas vias intestinais são principalmente mesófilos (meso=médio; phile=amor). Estas bactérias não se multiplicam a um grau apreciável à temperatura do frigorífico. Exemplos de mesófilos são a Salmonella, *E. coli* e outras bactérias encontradas em galinhas (Kim, A.Y., e Thayer, D.W. 1996). Quando uma empresa realiza uma "Contagem de Placas Aeróbicas" ou "Contagem Total de Placas" numa carcaça de frango, está a medir os mesófilos (Ingraham, J. L. e G. F. Bailey, 1959).

A figura abaixo mostra como estas populações de bactérias se comportam nas carcaças durante a refrigeração.

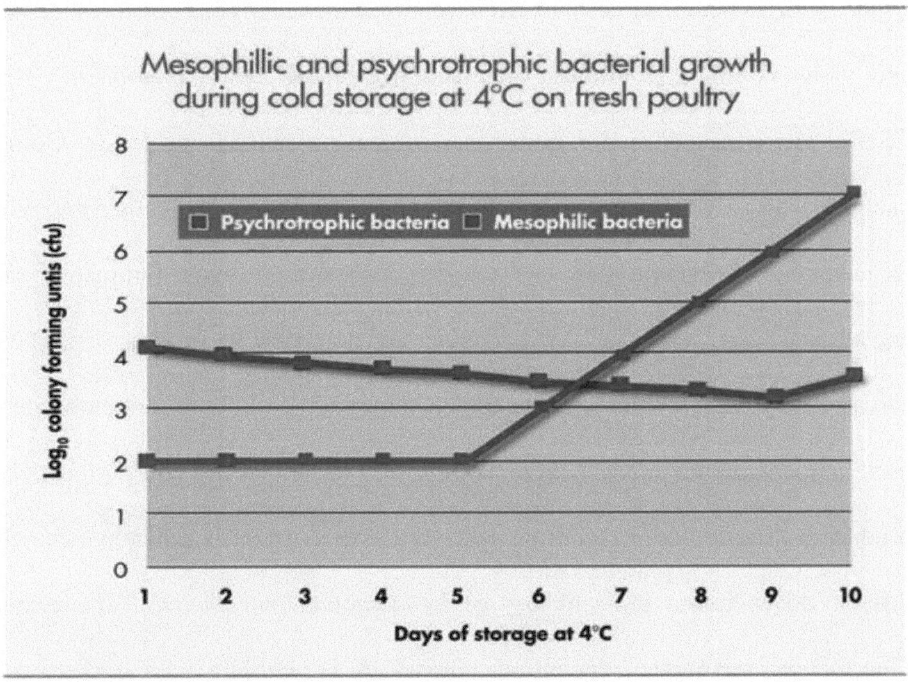

Mesophiles, such as salmonella and *E. coli*, do not grow and produce spoilage defects on poultry.

Figura 2: Os mesófilos não provocam a deterioração dos produtos avícolas

Origem das bactérias de deterioração

As bactérias danificadas na carcaça imediatamente após o processamento são provenientes de

1. As penas e pés da ave viva,

2. O abastecimento de água na fábrica de processamento,

3. Os tanques frigoríficos e 4. O equipamento de processamento.

Estas bactérias deteriorantes não são normalmente encontradas nos intestinos da ave viva. Foram encontradas populações elevadas de *Acinetobacter* (10^8 CFU/g) nas penas da ave e podem ter origem na ninhada profunda. Outras bactérias de deterioração, tais como *Cytophaga* e *Flavobacterium,* são frequentemente encontradas em tanques frigoríficos, mas raramente são encontradas em carcaças. As bactérias de deterioração psicrotróficas em carcaças de galinha imediatamente após o abate são geralmente Acinetobacter e pseudomonas pigmentadas. Embora estirpes de Pseudomonas não pigmentadas produzam fora de oodor e fora de sabor em aves estragadas, inicialmente, são difíceis de encontrar em carcaças e *Pseudomonas putrefaciens* (*Shewanella putrefaciens*) raramente é encontrada (Brown, A. D., 1957).

A identificação dos microrganismos responsáveis pelo género e espécies mais responsáveis por doenças de origem alimentar encontra-se no quadro abaixo.

Quadro 1: Microrganismos e suas doses infecciosas

Microorganism	Infective dose (no. of microorganisms	Incubation period	Name of the disease
Clostridium botulinum	< nano grams	12-36 h	botulism
Clostridium perfringens	>10E8	8-22 h	Perfringens food poisoning
Shigella	<10	12–50 h	Shigellosis
Yersinia enterocolitica	unknown	1-3 days	Yersiniosis
Hepatitis A virus	10-100	Unknown	Hepatitis A
Norwalk virus / Norovirus	Unknown but presumed to be low	1-2 days	Viral gastroenteritis, stomach flu, Winter vomiting disease

MATERIAIS E MÉTODOS

Meios nutritivos, manchas para identificação morfológica, microscópio, centrífuga, fluxo laminar, etc.

Recolha de amostras:

Foram recolhidas amostras de carne e frango em talhos de zonas como Moula Ali, A.S Rao Nagar, Malkajigiri, Tarnaka, etc. As amostras recolhidas foram processadas de forma asséptica no laboratório de microbiologia.

Produtos químicos:

Violeta cristal, iodo de Grams, etanol, safranina, foram utilizados para identificação morfológica. Os meios e reagentes utilizados para o estudo, tais como caldo de nutrientes, ágar nutriente, ágar Eosin-Methylene Blue, ágar-sangue, ágar Salmonella-Shigella, ágar Tiossulfato-Citrato - BileSalt-Sucrose, ágar Manitol Sal, ágar MacConkey, vermelho de metilo e Voges Proskauer, foram adquiridos na Himedia, Índia.

Contagem Bacteriana Total:

A contagem total de bactérias foi realizada em todas as amostras pelo método de banho Lazy Susan em triplicado em placas de ágar nutriente sólido após diluição em série de amostras a 1 em 10 concentrações. As placas semeadas foram seladas e incubadas a 37^0 C. As unidades formadoras de colónias foram contadas após 24 e expressas em UFC/ml. Foram recolhidas amostras de carne, peixe e aves de capoeira em vários pontos de venda a retalho de Hyderabad, talhos, matadouros, etc. e foram submetidas a análises microbianas. Os procedimentos seguidos para a amostragem foram os prescritos nos Procedimentos Padrão da Secção 16(2) (c), da Lei FSS, 2006, que prevê o mecanismo de acreditação dos organismos de certificação de Sistemas de Gestão de Segurança Alimentar e a Secção 44 da Lei FSS prevê o reconhecimento da organização ou agência para auditoria de segurança alimentar e verificação da conformidade com o Sistema de Gestão de Segurança Alimentar exigido ao abrigo da Lei ou das regras e regulamentos aí estabelecidos.

Placa Mesófila Aeróbica conta:

Indica contagens microbianas para avaliação da qualidade dos alimentos.

Médio:

1. Contagem de placas de ágar;
2. Água peptonada 0,1%,

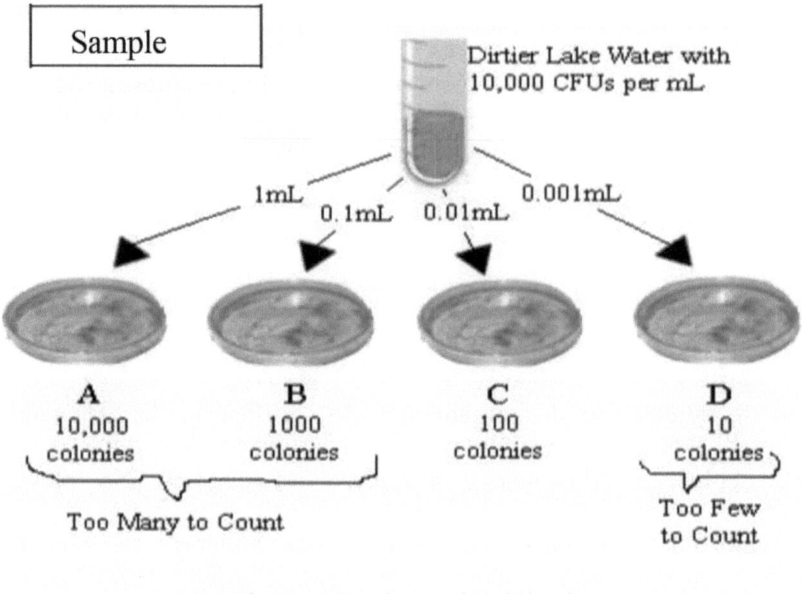

Figura 3: Diluição da amostra

2,5 x10^3 por ml ou g, preparar diluições decimais como se segue. Sacudir cada diluição 25 vezes. Para cada diluição, é necessário utilizar uma pipeta esterilizada fresca. Utilizar alternadamente a pipeta automática. Pipetar 1 ml de homogeneizado para um tubo contendo 9 ml do diluente. Da primeira transferência de diluição 1 ml para o segundo tubo de diluição contendo 9 ml do diluente. Da primeira transferência de diluição 1ml para o segundo tubo de diluição contendo 9ml do diluente. Repetir com um terceiro, quarto ou mais tubos até se obter a diluição desejada.

Isolamento de bactérias a partir das amostras de carne:

Cerca de 5 gramas de cada amostra de carne foram suspensas em caldo de TSB e incubadas durante a noite a 37^0 c.No dia seguinte, as amostras foram diluídas 10 vezes e 5th diluição e 6th amostras de diluição foram colocadas em ágar LB para obter colónias isoladas. As colónias isoladas de cada amostra foram colhidas e espalhadas numa placa de ágar fresco de nutrientes, a placa principal.

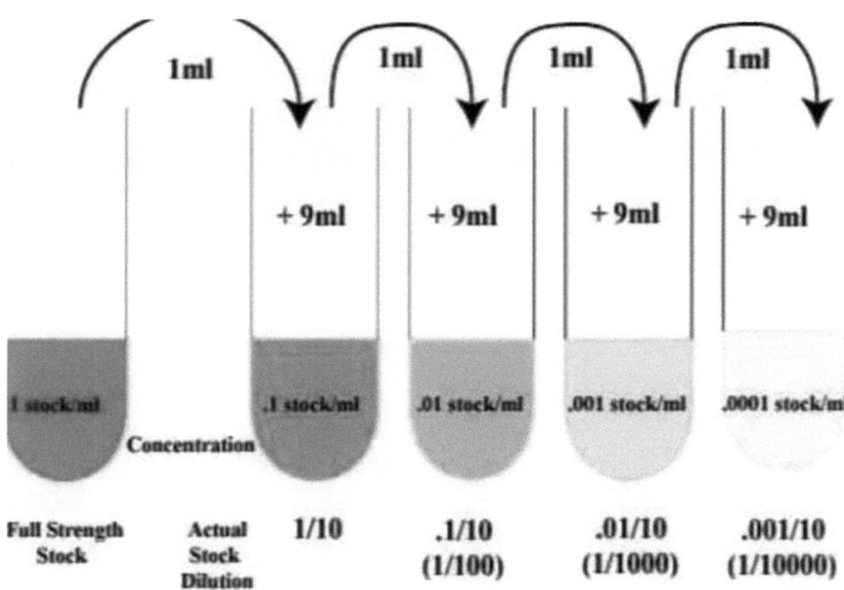

Figura 4: Diluições em série e revestimento em placas de ágar para contagem de colónias

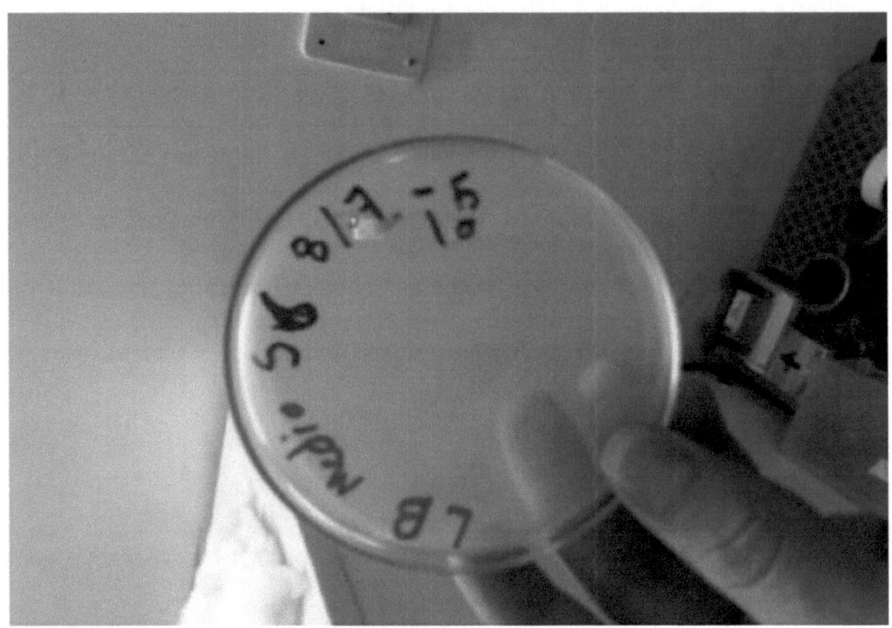

Figura 5: Amostra diluída revestida em ágar nutriente

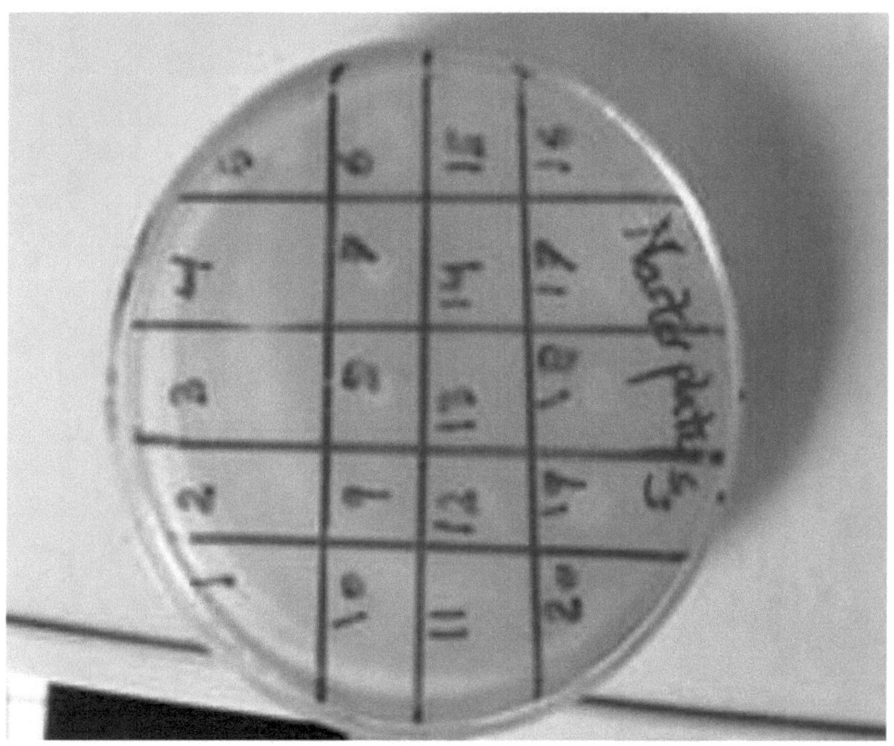

Figura 6: Placa principal para aves de capoeira

Preparação da placa principal:

As placas mestras em LB Agar foram feitas por estrias em cada colónia pura em placas de grade e armazenadas a 4^0 c .Cada vez que a placa mestras foi subcultivada para a realização de vários testes.

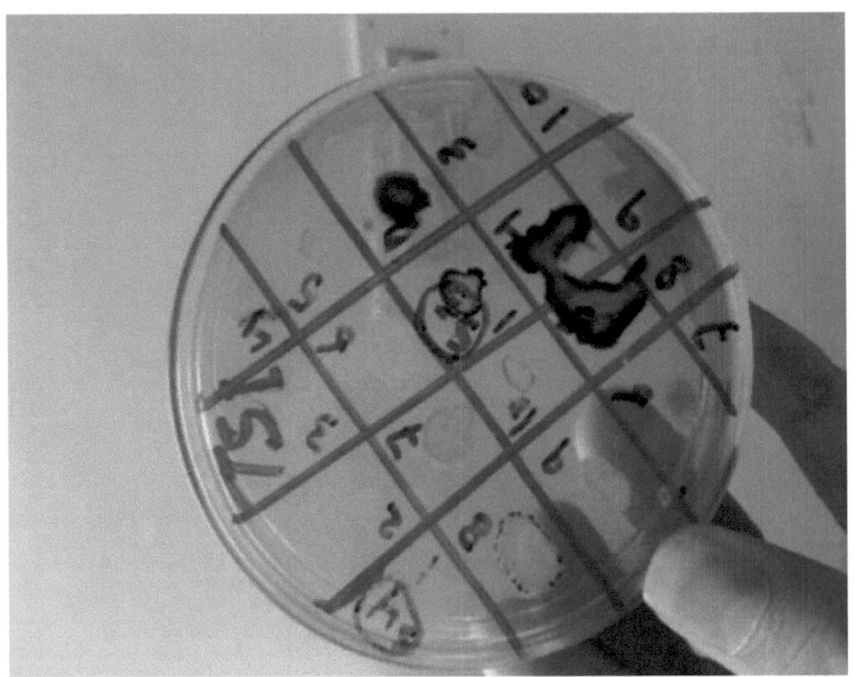

Figura 7: Prato principal para carne

RESULTADOS

Identificação morfológica:

Cada uma das colónias isoladas na placa principal foi identificada através de gramas de coloração e experiência de motilidade.

Os resultados são compilados na tabela abaixo.

Quadro 2: Características das Bactérias Potenciais

Nome do teste	S3 C21	S3 C 22	S3 C23	S3 C24	S3 C25	S3 C26	S3 C27	S3 C28	S3 C29	S3 C30
Gram-starin	Gram - positivo	Grama - negativo	Gram - positivo	Grama - negativo	Gram-neg ative	Gram - positivo	Gram - positivo	Gram - positivo	Grama - negativo	Gram - positivo
Forma celular	Cocci	Vara	Cocci	Vara	Vara	Cocci	Cocci	Cocci	Vara	Cocci
Forma de colónia	Cirular	Grande apartamento	Circular	Apontado	Grande apartamento	Circular	Circular	Circular	Apontado	Circular

Margem	Inteiro	Inteiro	Inteiro	Inteiro	Inteiro	Inteiro	Inteiro	Inteiro	Inteiro	Inteiro
APP earence	Não brilhantes	punctiformes	Nonshiny	mucoid	punctiformes	Não - Brilhante	Não - Brilhante	Nonshiny	mucoid	Não - Brilhante
Elevatio	convex	levantado	convex	convex	levantado	convex	convex	convex	convex	convex
Textura da superfície	smooth	smooth	smooth	smooth	smooth	smooth	smooth	smooth	smooth	smooth
Col o nosso	Branco	Branco	Branco	Amarelo	Branco	Branco	Branco	Branco	Amarelo	Branco

Quadro 3: Características Morfológicas, Culturais e Microscópicas de Bactérias Potenciais

Nome do teste	S4 B1	S4B2	S4B3	S4B4	S4B5	S4B6	S4B7	S4B8	S4B9	S4B1 0
Gram-estrela	Gram- negative	Gram-positive	Grama - negativo	Gram-negative	Gram-positivo	Grama - negativo	Grama - negativo	Gram-positivo	Gram - positivo	Grama - negativo
Forma celular	Vara	Cocci	Vara	Cocci	Cocci	Vara	Vara	Cocci	Cocci	Vara
Forma	Poi	Circular	Apontado	Circular	Circular	Apontado	Apontado	Circular	Circul	Aponta

de colóni a	nte d								ar	do
Marge m	Inteir o	Inteiro	Inteiro	Inteiro	Inteiro	Inteiro	Inteiro	Inteiro	Inteir o	Inteiro
APP eare nce	Muco id	Nonshi ny	Mucoi d	Nonshi ny	Nonshi ny	Mucoi d	Mucoi d	Não Brilha nte	Não - shi ny	Mucoi d

Elevaçã o	Conve x	Conve x	Conve x	Conve x	Conve x	Conve x	Conve x	Conve x	Conve x	Conve x
Textura da superfíc ie	Smoot h	Smoot h	Smoot h	Smoot h	Smoot h	Smoot h	Smoot h	Smoot h	Smoot h	Smoot h
Cor	Amare lo	Crean y	Amare lo	Crean y	Branc o	Amare lo	Amare lo	Branc o	Branc o	Amare lo

Quadro 4: Características das Bactérias Potenciais

Nome do teste	S5L1	S5L2	S5L3	S5L4	S5L5	S5L6	S5L7	S5L8	S5L9	S5L10
Gram-	Gram-	Gram-	Gram-	Gram	Gram-	Gram-	Gram-	Gram	Gram-	Gram-

estrela	nagative	nagative	nagative	-nagative	nagative	nagative	nagative	-nagative	nagative	nagative
Forma da célulae	Vara	Vara	Vara	Vara	Vara	Cocci	Vara	Vara	Cocci	Vara
Forma de colónia	Apontado	Apontado	Apontado	Grande	Apontado	Circular	Apontado	Ponto ed	Circular	Apontado
Margem	Inteiro	Inteiro	Inteiro	Inteiro	Inteiro	Inteiro	Inteiro	Inteiro	Inteiro	Inteiro
APPeareance	Mucoid	Mucoid	Mucoid	Mucoid	Mucoid	Não brilhantes	Mucoid	Mucoid	Não brilhantes	Mucoid
Elevação	Convex	Convex	Convex	Convex	Convex	Convex	Convex	Convex	Convex	Convex
Textura da superfície	Smooth	Smooth	Smooth	Smooth	Smooth	Smooth	Smooth	Smooth	Smooth	Smooth
Cor	Amarelo	Amarelo	Amarelo	Branco	Amarelo	Branco	Amarelo	Amarelo	Branco	Amarelo

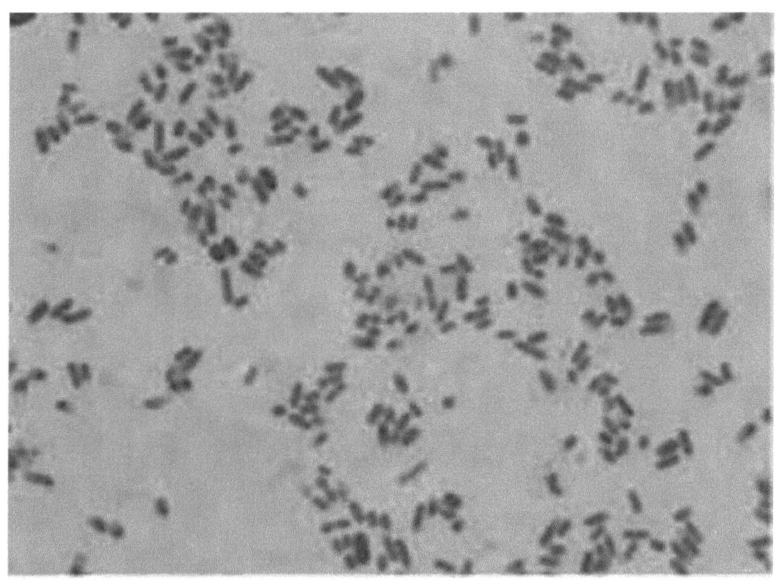

Figura 8*: E.coli*

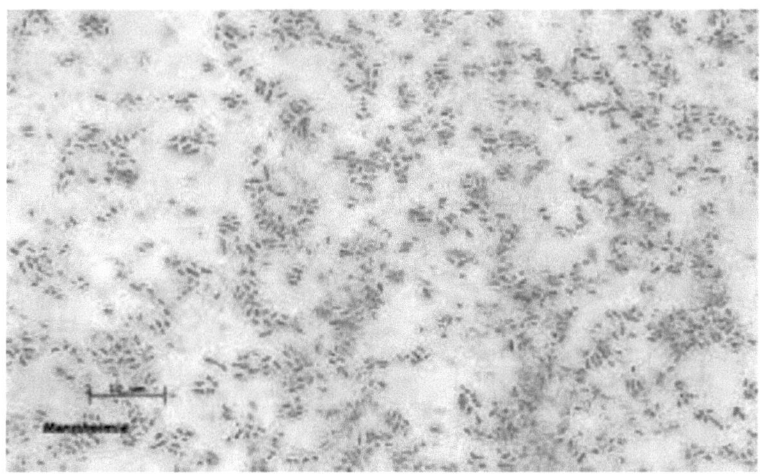

Figura 9*: Klebsiella oxytoca*

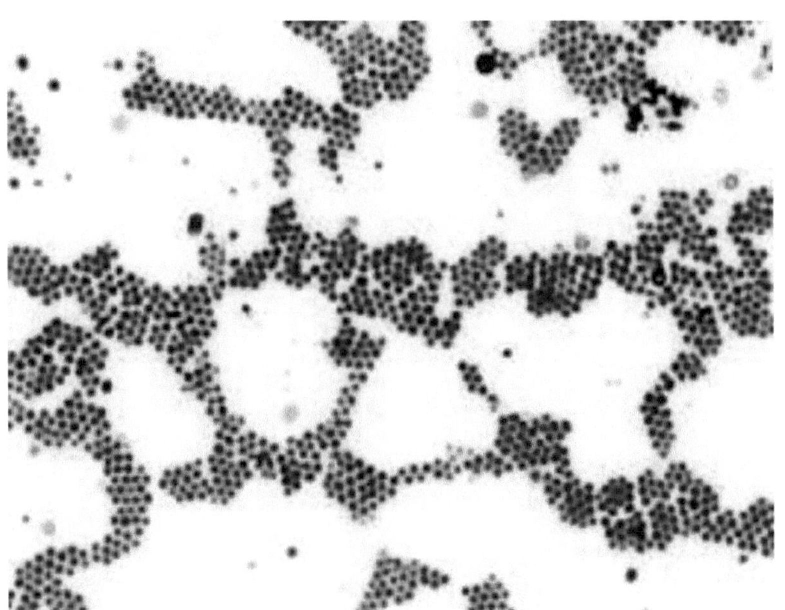

Figura 10: *Enterocoocus faecalis*

Resultado da Identificação Bioquímica:

Os testes IMVIC foram feitos como mencionado nos métodos e os resultados são compilados em tabela.

Quadro 5: Resultados das cargas microbianas nas amostras de frango (Gizzard)

Isola te	Nº de	Tes t 1	Teste 2	Teste 3	Teste 4	Teste 5	Teste 6	Gram Reacti	Catiónica de identificação
	Col	Oleo	VP	MR	Citra	Cata	ETI	on & Morp	de Bacteri a

	ony	Ind			te	lase		holog y	
S1A 1	1	(+)	(-)	(-)	(+)	(+)	(-)	Gram + Cocci	*Enteroc occus faecalis*
S1A 2	2	(+)	(-)	(+)	(+)	(-)	(-)	Gram - Vara	*Providência.sp*
S1A 3	3	(+)	(-)	(-)	(+)	(-)	(-)	Gram + Cocci	*Enteroc occus faecalis*
S1A 4	4	(+)	(-)	(-)	(+)	(+)	(-)	Gram + Cocci	*Enteroc occus faecalis*
S1A 5	5	(+)	(-)	(-)	(+)	(+)	(-)	Gram + Cocci	*Enteroc occus faecalis*

S1A 6	6	(+)	(-)	(-)	(+)	(+)	(-)	Gram + Cocci	*Enteroc occus faecalis*
S1A 7	7	(+)	(-)	(-)	(+)	(+)	(-)	Gram + Cocci	*Enteroc occus faecalis*
S1A 8	8	(+)	(-)	(-)	(+)	(+)	(-)	Gram + Cocci	*Enteroc occus faecalis*
S1A 9	9	(-)	(+)	(+)	(+)	(+)	(-)	Gram + Cocci	*Staphyl ococcus aureus*
S1A 10	10	(-)	(+)	(+)	(+)	(+)	(-)	Gram + Cocci	*Staphyl ococcus aureus*

Quadro 6: Resultados das cargas microbianas nas amostras de frango (mama)

Isolate	Não. de Colony	Test 1	Teste 2	Test 3	Teste 4	Teste 5	Teste 6	Gram Reaction & Morphologia	Identification de Bacteria
		Oleo Ind	VP	MR	Citrate	Catalase	ETI		
S1A 11	1	(+)	(+)	(-)	(+)	(+)	(-)	Gram - Vara	*Klebsie lla oxytoca*
S1A 12	2	(+)	(-)	(-)	(-)	(+)	(-)	Gram - Vara	*Enterococcus faecalis*
S1A 13	3	(-)	(-)	(-)	(+)	(+)	(-)	Gram + Cocci	*Proteus maribili s*
S1A 14	4	(+)	(-)	(-)	(+)	(+)	(-)	Gram + Cocci	*Enterococcus faecalis*
S1A	5	(+)	(-)	(-)	(+)	(+)	(-)	Gram -	*Klebsie lla*

15								Vara	*oxytoca*
S1A 16	6	(+)	(-)	(-)	(+)	(+)	(-)	Gram + Cocci	*Enteroc occus faecalis*
S1A 17	7	(+)	(-)	(-)	(+)	(+)	(-)	Gram + Cocci	*Enteroc occus faecalis*
S1A 18	8	(+)	(-)	(-)	(+)	(+)	(-)	Gram + Cocci	*Klebsie lla oxytoca*
S1A 19	9	(-)	(+)	(+)	(+)	(+)	(-)	Gram - Vara	*Klebsie lla oxytoca*
S1A 20	10	(-)	(+)	(+)	(+)	(+)	(-)	Gram - Vara	*Escheri chia coli*

Quadro 7: Resultados das cargas microbianas nas amostras de frangos (Coxas)

Isola	Não.	Tes	Teste	Tes	Teste	Teste	Teste	Gram	Identifi

te	de Colónia	t 1 Oleo Ind	2 VP	t 3 MR	4 Citrato	5 Catalase	6 ETI	Reaction & Morphologia	cation de Bacteria
S1A 21	1	(+)	(+)	(-)	(+)	(+)	(-)	Gram - Vara	*Klebsie lla oxytoca*
S1A 22	2	(+)	(-)	(-)	(-)	(+)	(-)	Gram - Vara	*Enteroc occus faecalis*
S1A 23	3	(-)	(-)	(-)	(+)	(+)	(-)	Gram + Cocci	*Proteus maribili s*
S1A 24	4	(+)	(-)	(-)	(+)	(+)	(-)	Gram + Cocci	*Enteroc occus faecalis*
S1A 25	5	(+)	(-)	(-)	(+)	(+)	(-)	Gram - Vara	*Klebsie lla oxytoca*
S1A	6	(+)	(-)	(-)	(+)	(+)	(-)	Gram +	*Enteroc*

26								Cocci	*occus faecalis*
S1A 27	7	(+)	(-)	(-)	(+)	(+)	(-)	Gram + Cocci	*Enteroc occus faecalis*
S1A 28	8	(+)	(-)	(-)	(+)	(+)	(-)	Gram + Cocci	*Klebsie lla oxytoca*
S1A 29	9	(-)	(+)	(+)	(+)	(+)	(-)	Gram - Vara	*Klebsie lla oxytoca*
S1A 30	10	(-)	(+)	(+)	(+)	(+)	(-)	Gram - Vara	*Escheri chia coli*

Tabela 8: Resultados das cargas microbianas na carne de bovino

Isola te	Nº de Col	Tes t 1	Teste 2	Teste 3	Teste 4	Teste 5	Teste 6	Gram Reacti on &	Catiónica de identificação de Bacteri a
		Oleo	VP	MR	Citra	Cata	ETI		

	ony	Ind			te	lase		Morp hologу	
S4B 1	1	(+)	(-)	(-)	(+)	(+)	(-)	Gram + Cocci	*Enteroc occus faecalis*
S4B 2	2	(+)	(-)	(+)	(+)	(-)	(-)	Gram - Vara	*Providência.sp*
S4B 3	3	(+)	(-)	(-)	(+)	(-)	(-)	Gram + Cocci	*Enteroc occus faecalis*
S4B 4	4	(+)	(-)	(-)	(+)	(+)	(-)	Gram + Cocci	*Enteroc occus faecalis*
S4B 5	5	(+)	(-)	(-)	(+)	(+)	(-)	Gram +	*Enteroc occus faecalis*

								Cocci	
S4B 6	6	(+)	(-)	(-)	(+)	(+)	(-)	Gram + Cocci	*Enteroc occus faecalis*
S4B 7	7	(+)	(-)	(-)	(+)	(+)	(-)	Gram + Cocci	*Enteroc occus faecalis*
S4B 8	8	(+)	(-)	(-)	(+)	(+)	(-)	Gram + Cocci	*Enteroc occus faecalis*
S4B 9	9	(-)	(+)	(+)	(+)	(+)	(-)	Gram + Cocci	*Staphyl ococcus aureus*
S4B 10	10	(-)	(+)	(+)	(+)	(+)	(-)	Gram +	*Staphyl ococcus aureus*

								Cocci	

Tabela 9: Resultados das cargas microbianas na carne (membro)

Isola te	Não. de Col ony	Tes t 1	Teste 2	Tes t 3	Teste 4	Teste 5	Teste 6	Gram Reacti on & Morph ologia	Identifi cation de Bacteri a
		Oleo Ind	VP	MR	Citra te	Cata lase	ETI		
S5L 1	1	(+)	(+)	(-)	(+)	(+)	(-)	Gram - Vara	*Klebsie lla oxytoca*
S5L 2	2	(+)	(-)	(-)	(-)	(+)	(-)	Gram - Vara	*Enteroc occus faecalis*
S5L 3	3	(-)	(-)	(-)	(+)	(+)	(-)	Gram + Cocci	*Proteus maribili s*
S5L	4	(+)	(-)	(-)	(+)	(+)	(-)	Gram +	*Enteroc occus*

4								Cocci	*faecalis*
S5L 5	5	(+)	(-)	(-)	(+)	(+)	(-)	Gram - Vara	*Klebsie lla oxytoca*
S5L 6	6	(+)	(-)	(-)	(+)	(+)	(-)	Gram + Cocci	*Enteroc occus faecalis*
S5L 7	7	(+)	(-)	(-)	(+)	(+)	(-)	Gram + Cocci	*Enteroc occus faecalis*
S5L 8	8	(+)	(-)	(-)	(+)	(+)	(-)	Gram + Cocci	*Klebsie lla oxytoca*
S5L 9	9	(-)	(+)	(+)	(+)	(+)	(-)	Gram - Vara	*Klebsie lla oxytoca*
S5L 10	10	(-)	(+)	(+)	(+)	(+)	(-)	Gram - Vara	*Escheri chia coli*

Quadro 10: VII Chave para a identificação bioquímica de microrganismos

adoptada pela (FDA)

Indole	Vermelho de metilo	Voges Proskauer	Citrato	Organismo patogénico suspeito
+		+	+	*Klebsiella oxytoca*
+	+			*E.coli*
+			+	*E.faecalis*
-			+	*P.Mirabilis*
+	+			*Morganella morganii*
-	+			*Yersinia*
-	+		+	*Citrobacter*
-	+		+	*Salmonella*

* Das 60 amostras examinadas, 30 de frango, 10 de carne de vaca, 10 de cordeiro e 10 de peixe foram mostradas uma percentagem como se segue no quadro

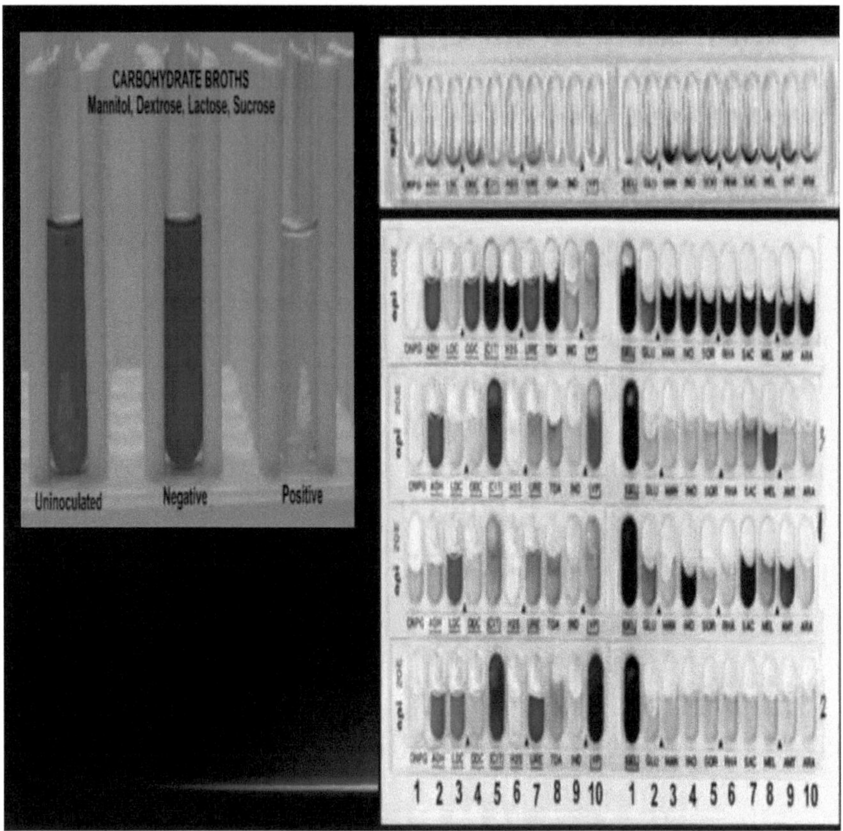

Figura 11: Testes bioquímicos para caracterização - Utilização de hidratos de carbono, açúcares, ureia, etc.

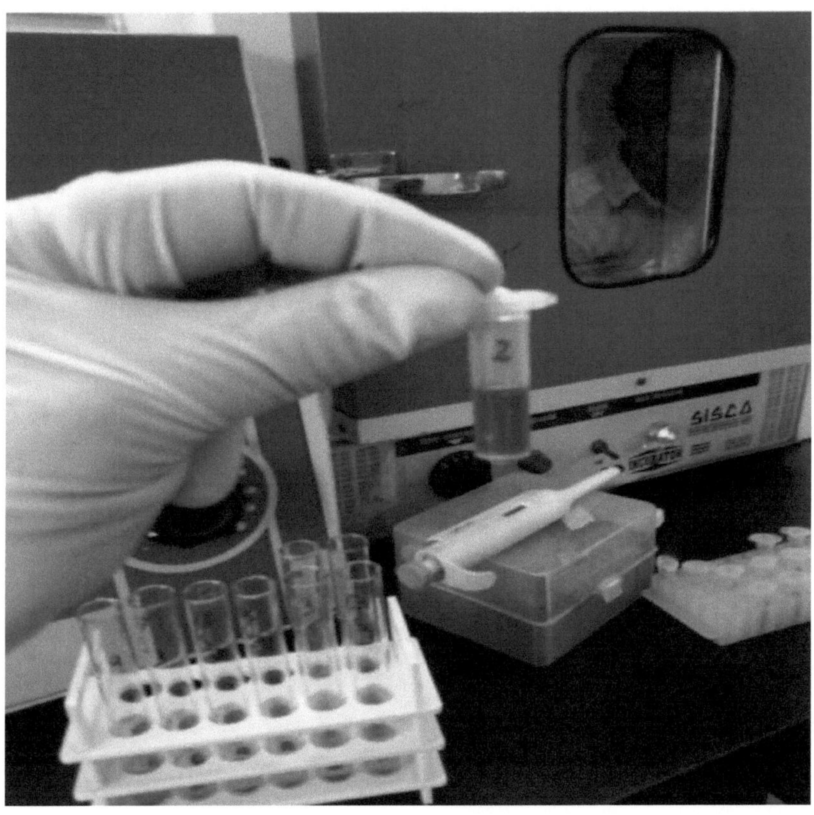

Figura 12: Teste vermelho de metilo positivo.

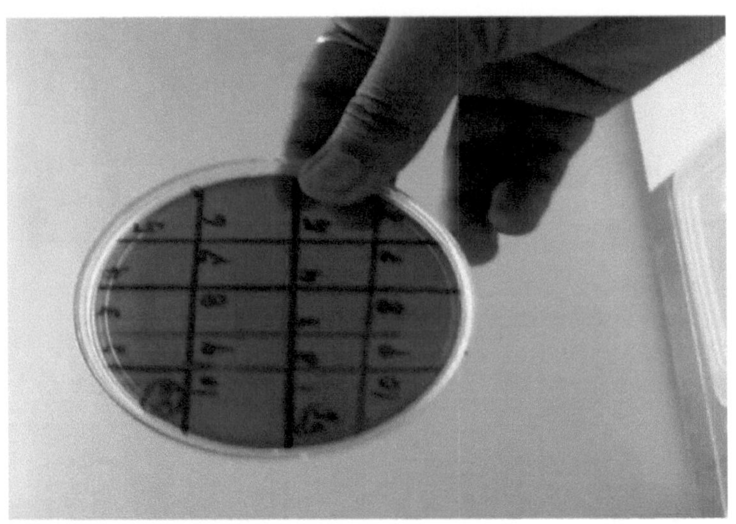

Figura 13: Teste de Citrato Positivo

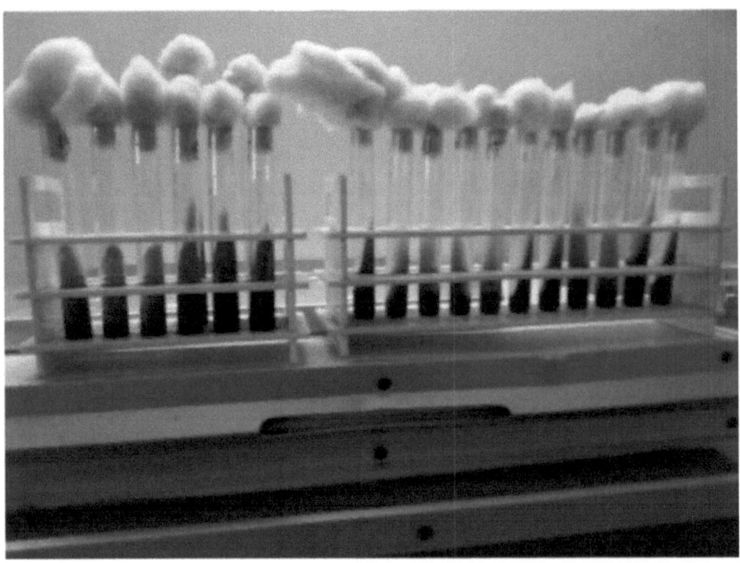

Figura 14: Simon citrate test in tube slants

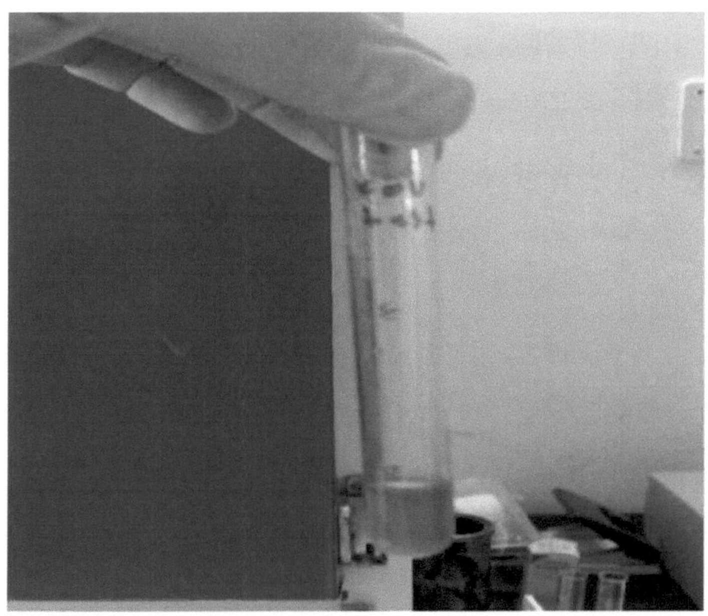

Figura 15: Teste Indole positivo

Resultados da PCR:

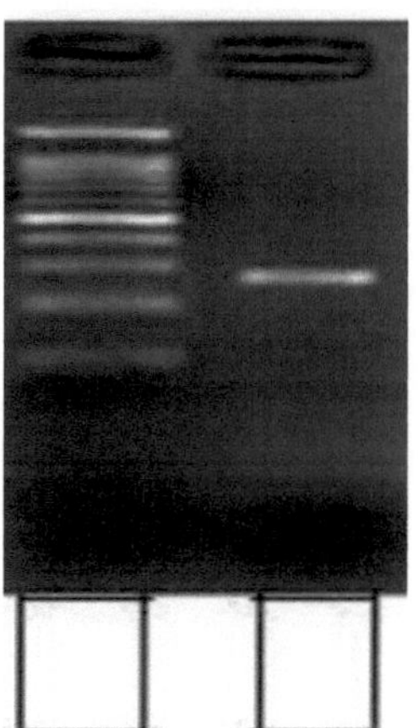

Figura 16: Amplificação por PCR da *enterotoxina* A *de Staphylococcus aureus*

Utilizando uma escada de 100 bp o tamanho do gene da enterotoxina A foi detectada uma amplificação de 270 bp PCR do mar de enterotoxinas é útil para a detecção de *S. aureus* transportando *o mar* em amostras de alimentos na indústria alimentar e na investigação de surtos.

CONCLUSÃO

Foi enumerado o conteúdo microbiano presente em diferentes amostras (carne, aves de capoeira, peixe) obtidas em casa de Buchner, matadouros, congelador a frio em super-mercado, etc. Foi efectuada uma identificação morfológica e bioquímica sistemática uma vez isoladas as colónias a partir de cada amostra. A partir dos resultados obtidos observou-se que os enterococci faecalis foram classificados como organismo número um contaminando os produtos de carne, seguido de *Klebsiella oxytoca*.Foram também observadas poucas contagens de *Serratia marcesens*, *Morganella* ,*Staphylococcus aureus*, providentia. Uma vez que o *Staphylococcus* é um enteropatógeno conhecido, a PCR foi utilizada para detectar a presença de Staphylococcus. A presença destes microrganismos indica a importância da cozedura a alta pressão no consumidor final e de uma auditoria regular por inspectores de segurança sanitária nestes matadouros para monitorizar a higiene e limpeza nestes locais.

REFRÊNCIAS

1. Alford, J. A. e L. E. Elliott, 1960. Actividade lipolítica de microrganismos a baixa e média temperatura Acções. Res. alimentar 25:296-303.

2. Ayres, J. C., W. S. Ogilvy, e G. F. Stewart, 1950. Post mortem changes in stored meat. I. Micro-organismos associados ao desenvolvimento de lodo em aves de capoeira cortadas evisceradas. Technol alimentar. 4:199-205.

3. Ayres, J. C., 1960. Relações de temperatura e algumas outras características da flora microbiana que se desenvolvem na carne refrigerada. Res. alimentar 25(6):1-18.

4. A'lvarez, I,. Homem como, P., Condo N.S. e Raso, J. (2003a). Variação da resistência dos serovares de salmonela enterica a tratamentos de campo eléctrico pulsado. J. Food Sci. 68: 2316-2320.

5. Aba bouch, L.H., Grimit, L. Eddafry, R., e Busta, F.F. (1995) Cinética de inactivação térmica de esporos de Bacillus subtilis suspensos em tampão e em óleos. L.Appl. Bacteriol. 78: 669-676.

6. Abee, T. e Wouters, J.A. (9199). Resposta ao stress microbiano em

processamento mínimo. Int.J. Microbiano alimentar. 50:65-91.

7. Acott, K., Sloan, A.E. e Labuza, T.P.(1976). Evaluation of antimicrobial agents in a microbial challenge study for an intermediate moisture dog food. J. Food Sci. 41: 541-546.

8. Allison,D.G., D'Emmanuele, A. Egington, P. e Williams, A.R.(1996). O efeito do ultra-som na viabilidade da Escherichia coli. J. Microbiol básico. 36: 3-11.

9. Alpas, H., Kalchayanand, N., Bozughu, F. e Ray, B (1998). Interacção da pressão, tempo e temperatura de pressurização sobre a perda de viabilidade de Listeria inocua. Mundo J.Microbiol. Biotech. 14: 251-253.

10. Barnes, E. M., 1960. Problemas bacteriológicos nas preparações e armazenamento de frangos de carne. R. Soc. Saúde J. 80:145-148.

11. Barnes, E. M. e C. S. Impey, 1968. Bactérias psicrofílicas de deterioração das aves de capoeira. J. Appl. Bacteriol. 31:97-107.

12. Barnes, E. M. e M. J. Thornley, 1966. A flora deteriorada das galinhas evisceradas armazenadas a diferentes temperaturas. J. Food Technol. 1:113-119.

Printed by Books on Demand GmbH, Norderstedt / Germany